Aphorismen und Tagebuchblätter

© 2013 Lulu. Alle Rechte vorbehalten.
ISBN 978-1-291-52369-0

[279] IV. Aphorismen

Dies Erdenleben ist ein Tagen,
Ein Kämpfen zwischen Nacht und Licht;
Was einzeln durch die Nebel bricht,
lässt sich nur aphoristisch sagen.
So Manches, zögst du Konsequenzen,
Es würde Manchem nicht behagen;
Du musst es aphoristisch sagen –
Der Leser mag es selbst ergänzen.

[281] *Zum Verständnisse.*

Aphorismen schreibt entweder Jemand, der auf vereinzelte pikante Einfälle sich was zu gute tut; und das zeigt von Beschränktheit. Oder Jemand, der seine Aussprüche für Orakel hält oder gehalten wissen will; und das zeigt von noch größerer Beschränktheit. Und doch — indem man dieses weiß und ausspricht — schreibt man Aphorismen. In der Tat, es sollte doch dem Denkenden so schwer nicht fallen, neben jenen zwei Fällen viele und verzeihlichere zu erkennen; ja, auf den wundersamen Wegen menschlichen Denkens, die so schnell von Extrem zu Extrem führen, dahin zu gelangen, dass am Ende das beste Wissen doch nur aphoristisch zu Tage gefördert werden kann; und etwa: Dass Ergebnisse irdischen Erkennens nicht mehr wahr sind, wenn sie nicht mehr aphoristisch sind. — Dem sei nun wie ihm wolle; der Verständigbillige wird nicht verkennen, dass die Geburten des Momentes — bald Atmung, bald Wissen, aber immer bedeutend — nicht stets in die Register der Systeme können eingetragen werden; dass die Ruhepunkte der philosophischen Geschichte eines Individuums meist mit Wenigem anzudeuten sind, zu eigener Erinnerung und fremder Belehrung; — dass — doch [282] wozu? Ob etwas notwendig oder willkürlich existiere, zeigt sich bald, ohne Für- und Widerrede, an seiner Wirkung. — Dass der Schriftsteller das Publikum nicht nötigen soll, seine Lehrjahre mitzumachen, ist eine törichte Forderung. Wann enden seine Lehrjahre? —

Wenn sich Jene glücklich preisen dürfen, die, wohl organisiert, weise erzogen, ihre Ausbildung rein und ungetrübt zu Stande gebracht sehen, wie eine Kristallbildung vor sich geht, — so werden Jene, deren Entwickelung durch leisekräftiges Untergraben in die Bahn geworfner Hindernisse, oder durch einen großen Impuls von Außen, wie durch ein befruchtendes Gewitter, gereift ward, mit einer wunderbaren Empfindung auf die denkwürdige Epoche ihres Lebens zurückblicken, da ihr Inneres aus dem Raupen- in den Schmetterlingszustand überging. Jene Periode der Wiedergeburt, jener Orient des Menschentages, da das Bewusstsein erst eigentlich praktisch wird; die Erfüllung des *Gnothi seauton*; denn dieses Wortes echte Deutung heißt: Erkenne Art und Maß deiner Kraft, um sie für die Menschheit zu verwenden! — Einzelne Lichtstrahlen aus jener Zeit werden Manchem, der eben in jenen Krisen verweilt, erfreulich und förderlich sein. So seien sie denn ausgestreut!

[283] *Wissenschaft.*

Es ist allerdings merkwürdig, dass in keinem Bereiche menschlicher Bestrebungen die Grundsätze des Wahren und Notwendigen so allgemein geworden sind, als in der Politik. Man erstaunt, wenn man periodische und sonstige Schriften der Zeitgenossen liest, welche die höchsten Staatsinteressen behandeln, — wie anerkannt und überall geltend man die letzten Ergebnisse des Denkens, die Früchte bitt'rer historischer Erfahrungen findet. Eine andere Frage bleibt: Ob diese Erkenntnisse auch allenthalben innig verarbeitet, mit dem Leben verwachsen sind? Ob es nicht etwa bei Worten bleibt, während ganz andere Interessen das Handeln bestimmen? Traurig, wenn man fände, dass gerade in diesem Bezirke mit der Sprache der Weisheit, mit dem Urim und Thumim, die schauerlichsten Leidenschaften und der tiefste Egoismus sich beschilden, — so dass man sich bekümmert fragen müsste: Wann, ja ob je dieser tötende Zwiespalt geschlichtet werden solle?

Fichte nannte Glauben: Den Entschluss des Willens, das Wissen gelten zu lassen. Das ist mir kein Glaube, [284] sondern eine feige Resignation, die schlimmer ist, als eine herzhafte Verzweiflung. Mir ist Glaube jene heiligende Anerkennung des Höchsten, deren sich der reifende gute Mensch gar nicht erwehren kann. Zum Glauben bedarf er keines Entschlusses. Im Glauben ist die Wurzel seines geistigen Daseins, also auch seines Willens. Glauben ist Seligkeit und Gnade.

Was ist das für eine Welt gewesen, an deren Erbe die unsrige sich nährt und aufrecht hält, die unserm nüchternen Leben Würde, Bedeutung und edle Form verleibt! Wir übersehen, aus Gewohnheit, dass fast alles, was uns bildend, erhebend, sprechend umgibt, nichts als der Schatten ist, der jener entschwundenen Prachtgestalt durch Jahrhunderte nachschwebt. Die Embleme und Randschriften unserer Münzen, die Monumente und Epitaphien unserer Großen, die in unsre Tempel und Paläste hineingeflickten Säulen, der Gebrauch der römischen Sprache in juridischen und medizinischen Wissenschaften, die Technizismen aus der griechischen entlehnt, womit jeder seine Gedanken, Erfindungen, Worte, zu schmücken glaubt, — was ist alles das, als Sehnsucht nach jenem unwiederbringlichen, einzigen Zustande, in welchem sich die Menschheit, wie ein gesunder Jüngling, in der Fülle ihrer Vermögen empfand? Wenn irgendeine Emphase zu verzeihen ist, so ist es die, womit der fühlende Archäolog jeden Scherben, jeden überkrusteten Buchstaben, jeden verwitterten Torso aus jenen ewigen Tagen betrachtet und verehrt.

[285]   *Rochefoucauld* hat weit mehr sittliche Zartheit, als man gemeinhin glaubt, und man darf das absprechende Urteil über ihn Verleumdung nennen. Seine zweideutigen Sätze sind ehrlich gemeint; man muss sie nur bis ans Ende ausdenken, oder nicht missverstehen. Er *zeigt* das Egoistische, er *lehrt* es nicht. Für Freundschaft hat er Sinn. Oft muss man für seine herkömmlichen Ausdrücke andere setzen: Z. B. für „Größe" — „Berühmtheit"; für „Liebe" — „Leidenschaft" u. dgl. Er hat es überall auf das konventionelle Leben der Franzosen, zumal das Hofleben, abgesehen, was man berücksichtigen muss. Durch Tiefblick in die Irrgänge des Herzens wird der gerade Weg nicht abgesperrt, sondern erleuchtet. Gefährlich bleibt er, wie alle Lektüre, solchen, die nicht würdig fühlen und nicht weiter, als das Buch sagt, denken.

Die physiognomischen Fragmente bleiben ein denkwürdiges Phänomen. Sie beruhen auf der Erkenntnis des tiefsten und universellsten Naturgesetzes; dass Wesen und Form, Ursache und Wirkung, sich ewig entsprechen, und berühren Kunst und Schöpfung mit unzähligen Lebensfunken, aus denen allenthalben Strahlenkreise schießen. Lavater selbst ist der studiumswürdigste Mensch: Ahnung, Empfindung, Ertappung der bildenden Natur, fruchtbare Fingerzeige, große, scharfe Blicke mit seltsamen Ge-[286]sichtstäuschungen und einseitiger Schwärmerei. — Als Autor, historisch und technisch angesehn, ist er Spezimen damaliger deutscher Literatur; er strebt überall nach dem wahrsten, kürzesten, unmittelbarsten, und dabei poetisch erhöhten Ausdrucke, und das mit entschiedenem Erfolge.

Bei *G. Pfitzer* werden nicht Gräber mit Blumen überdeckt, dass man sie nicht mehr sehe; die Gräber stehen offen, und die Blüten liegen an den Rändern. Sein Gedicht: Hermes Psychopompos ist ein poetischer Gipfel und völlig unvergleichbar. *Immermanns* reiches, tüchtiges Gemüt ist nicht mit ästhetischen Tiraden abzufertigen; hier liegt viel zu Grunde, und dem Verständnis eines Mannes zu lieb müssen Zeit, Form und was sonst das Wohlgefallen bedingt, vergessen werden. *Heine* hat noch Manches in sich auszugleichen, und wenn es ausgeglichen sein wird, wird der lyrische

Blütenstaub verweht sein. An *Platen* sahen wir die Manifestation des höchsten dichterischen Talents, das, wie eine Flamme, die den Stoff suchte, um sich an ihm zu nähren, in den Äther hinaus lockte, und leuchtend, prasselnd und sehnsüchtig in sich selbst zurückkehrte, um zu verlöschen. Ehrfurcht verdienen die Gedichte *J. Mayrhofers* (Wien b. Volke 1824); der Geist verkörpert sich in Geschichte und Natur, den Schmerz muss die Darstellung und das Ideal versöhnen; als ein einziger Tropus erscheint Kunst und Welt, und wie der Sohn Aurorens, vom ewigen Strahl berührt, atmet sie [287] die verhüllte Klage ihres Lebens hin — „die Seele mit den treuen, tiefen Klängen!"

Das Ganze der geistigen Bildung bezieht sich auf drei große Objekte: Geist, Natur, Kunst. Was außer diesen Kreis fällt, gibt keine Wissenschaft.

In die erste Sphäre gehört Philosophie, Mathesis usw.; in die zweite Physiographie mit ihren Zweigen: Physik, Physiologie usw.; in die dritte Ästhetik, von der Philosophie, dem Objekte nach, zu trennen. Die Betrachtung des Werdens, der Entwicklungen, ist nur ein Teil jeder Wissenschaft, keine eigene. Die Religion ist keine Wissenschaft. Der Denkende wird dieses Schema zu nützen wissen.

Es war dasselbe Element im *römischen* Charakter, welches die Tugenden der Cocles, Regulus, Torquate u, dgl., und die Laster der Nerone und Caracalla auf jenen Grad des Grotesken trieb, der uns unüberdenkbar bleibt, von dem aber im heutigen römischen Charakter noch genug rührende und erstaunliche Spuren sind (*Cose grosse*).

Auch war es dasselbe Element im *griechischen* Leben, welches in die Dichtung Homers, in die Weisheit Sokrates, in den Heldenmut Epaminondas, wie in Polyklets Gebilde jenes Maß legte, ohne welches alles menschliche Beginnen unvollendet bleibt oder ins Ungeheure verfließt (*Charis*).

[288] Diese Grundzüge fördern beim Studium des Altertumes. — Und lässt sich eine solche Betrachtung nicht weiter verfolgen? Floß nicht die Weisheit und Torheit der Ägypter, die Weichheit und Sittlichkeit der Inder aus Einem Quell? Hier schließt sich die Reflexion an das allgemein Menschliche an.

„Instinkt" bezeichnet rätselhaft etwas an sich Klares. Wozu erklären wollen, was, wie das

Dasein selbst, allgemein gültig erscheint? Was ist Instinkt? Was ist nicht Instinkt? Geht nicht ein (*veniam verbo*)! *sensus communis* durch die ganze Natur, von dem jener der Schwalbe, der Biene usf. nur ein Teil ist? Wodurch hängt der dünkelhafte Mensch mit seiner Erde zusammen? Wozu ein individuelles Wort für einen generellen Begriff? Dass der West Veilchen bewege, der Löwe auf seine Beute springe, der Mensch sich selbst bestimme, die Boa das Reh umschlinge, der Fels ruhe, kristallisiere, verwittre, stürze, sich löse, — hier sehe ich überall Ein Waltendes, Ein Gebot allwirksamer Natur. Und warum soll die Schwalbe, der Biber allein davon ausgenommen sein? Und so ist es mit hundert Problemen in der Naturlehre. Wir suchen unergründliche Kräfte für Erscheinungen, die sich selbst begründen; wir beweisen das Leben, das einzig der Beweis unserer Beweise ist.

Die sogenannte völlige Unparteilichkeit ist ein Unding. Eklektiker bleibt jeder nach seiner Art; selbst der [289] Dogmatiker. Ganz unparteiisch aber ist nur der Unwissende. Wozu auch soll jener Zwang, dem unterm Schilde der Objektivität ihr euch unterwerft, frommen? Kenne Jeder das Beste, und lege dessen Maßstab ans Übrige! Was wäre aus Winkelmanns Kunstgeschichte geworden, wenn er die ägyptische Kunst der griechischen koordiniert hätte? Kein antiker Geschichtsschreiber ist unparteiisch, jeder ist, nach seiner Überzeugung, pragmatisch. Aber die modernen suchen ängstlich selbst am Erhabensten eine Schattenseite, um nur unparteiisch zu scheinen.

Der Dichter kann nur durch unmittelbare Mitteilung seiner Stimmung erheitern; die *Gründe*, die er angibt, um froh zu werden, sind eben dieselben, die den Hypochondristen verdrießlich machen.

Die Philosophen, wie die, welche sich der Geschichte widmen, nennen sich nur insofern Eingeweihte, als sie sich mit dem Unwesentlichen befassen: Der Schul-Philosoph mit formaler Dialektik, der Schul-Historiker mit unfruchtbaren Exegesen; jenen, die, den Leichnam der Wissenschaft verlassend, aus ihrem Geiste erzeugen und gebären, schreiben „die vom Fache" nur eine dilettantenmäßige, konventionelle Einsicht zu. Jene sind die Fauste, diese die Wagner. Wohl den Dilettanten, denn sie lieben!

[290] Der Lapidar-Stil repräsentiert den römischen Charakter. Ist es nicht, wenn man die Anna-

len des Tacitus liest, als läse man Epitaphien? Sein ganzes Werk ist ein Epitaphium seines Volkes. Aus ihm kann Rom, Griechenland aus dem freundlichen Xenophon verstanden werden.

Es ist wahr, die lyrische Kunst ist ein schönes Spiel. Aber auch das Spiel verlangt, um schön zu sein, Bedeutung, Einsicht und Geschmack. Was im Rhythmus liegt, will durch Liebe und Ernst begriffen werden; es zu begreifen ist ein Glück; dann schweben uns in trüben Stunden Chöre und Stanzen vor, die uns vom Grund aus erheitern und beleben.

Über ein treffliches Werk der Dichtkunst kann es verschiedene, aber nie entgegengesetzte Ansichten geben. Recht mag Jeder haben, das Rechte hat keiner, oder alle zusammen; denn ein solches Werk ist ein Spiegel für alle Seelen.

Gerade in das, was Schubarth an Goethes Werken, im Vergleich zu Homer und Shakespeare geringer findet, — dass sie von unserm beschränkten Zustande ausgehen, und uns nur allmählich in einen reineren, idealen versetzen, — gerade in das lege ich ihren größten Wert. Hierdurch werden sie bildend, und befähigen uns erst zum Genusse der reinsten Kunstgebilde. Sie müssen aber, wenn sie so viel leisten sollen, gelebt und geliebt werden.

[291] Man sagt wohl, Geographie werde durch Geschichte belebt. Ich weiß nicht, ob die frische Gegenwart der Vergangenheit zum Leben bedarf; das aber ist gewiss, dass die Geschichte erst durch Geographie, durch die Bezeichnung des Bodens, auf welchem sie fußte und schritt, wahrhaft, körperlich und reizend wird. Darin begründet sich der Vorzug vaterländischer Historie.

Man bemüht sich in neuesten Tagen vielfach, die Kunstgeschichte durch sorglich ausgearbeitete Künstlerbiographien zu fördern. Dabei ist nur zu wünschen: Dass das, was den besprochenen Künstler von den übrigen unterscheidet, so wie das, was ihn mit ihnen verbindet, scharf nachgewiesen werde; und dann: Dass man über die Gestalt seines Innern, welche stets die seiner Gebilde bedingt, wie sie ward und wechselte, Aufklärung erhalte. Das Verzeichnis seiner Werke und der Orte, wo sie sich befinden, nehmen wir als Zugabe gerne an.

Es fällt gar schwer, in den Versuchen, seine Umgebung an der eigenen Fortbildung Teil nehmen zu lassen, bei Geduld zu verbleiben. Sie wollen alle wissen, ohne zu lernen; sie empfinden etwas Unbestimmtes, kleben an Worten und Namen, versetzen sich in Gedanken auf den Gipfel, denken nie über das Verschwiegene, bemühen sich nicht um die Sache. Man hört dich an, fühlt sich unterhalten, für und wider angeregt, tadelt und lobt, statt zu denken, vergisst dich, und geht selbstzufrieden den alten, [292] lieben Schlendrian. Wie oft, wenn ich, mit dem besten Willen, das Erkannte, das Frommende, mitteilen wollte, sah ich es abgewiesen, dass ich bitter lächeln musste; wie oft, wenn ich Einzelnen bot, was sie bedurften, ja was sie begehrt hatten, und sie erkannten es nicht; wie oft konnte ich meinen besten Ergebnissen nur dadurch nützliche Geltung verschaffen, dass ich sie, als nicht von mir stammend, unter der Firma irgend einer Autorität einführte; wie niederschlagend sind diese Erfahrungen!

Kraft ist das Wirksame. Und so ist in menschlichen Werken der Gehalt an Kraft das Wesentliche, dem durch Ausbildung die Anmut als Gestalt entsprießt. Was aber gewährt Kräfte, als der Geist? Dahin muss unser Blick gerichtet bleiben.

Wir meinen, Gott weiß was, gewonnen zu haben, und die Alten weit zu übertreffen, da wir die Geschichte, wie wir's nennen, zur „Wissenschaft" erhoben haben; d. h. da wir ihr Proömien vorangehn, Resumées nachfolgen lassen, und die Tat-Ereignisse wie Mineralien in eine Lade, zwischen bestimmte Fächer, gezwängt haben; statt dass sie, wie bei Thukydides und Tacitus, lebendig auf- und auseinander sprießen, und eine wahre „Geschichte" bilden.

Es gibt wenige Naturen unter den Schriftstellern. Eine frische, anmutige, gesunde war *Heinse*, mit frohem Instinkte überall den Kern ertastend, aus der Fülle des [293] Durchlebten verschwenderisch Leben mitteilend. Zu diesen Quellen des Frühlings unserer Literatur sollten wir jetzt im Herbst öfters wallfahrten; es sind die rechten Gesundbrunnen für die Schwind- und Wassersucht unserer Journalistik.

Abscheulicher Grundsatz moderner Kritik: Es müsse Alles von der Licht- und Schattenseite betrachtet werden; Lob sei platt, Tadel zeige von Einsicht, Schärfe und Freiheit des Urteils; je imposanter die Erscheinung, desto gewaffneter müsse der unbestechliche Blick für die Schwächen sein; u. was dgl. mehr ist. O über den Areopagus! So werden wir weit kommen!

Der Dichter erwirbt sich Lob, so lange er zu den Leidenschaften der Menschen spricht. Das Geläuterte wird keine Teilnahme finden. – „Da schweigt er nun, und ruht, und lässt sie zieh'n."

Oft soll die Menge von Gründen ihre Kraft ersetzen; nach der Analogie von $½ + ½ = 1$. Doch, wie überall mathematische Gewissheit von lebendiger unendlich verschieden ist, so auch hier. Aus vielem Halbgewissen wird nichts Gewisses. Ungleiche Größen kann man nicht addieren. Man setzt bei jener Schlussweise dunkel den Satz voraus: „Es gibt nichts Qualitatives; die Qualität eines Ganzen ist nur die Quantität seiner kleinsten Teile." Ein [294] wichtiger Irrtum, auf welchem alle atomistische Ansicht von den Dingen beruht; der Tod des Wissens.

Im Ganzen entsteht alles Irren aus der Zerspaltung unseres Wesens, unserer Vermögen. In keinem Momente soll der Mensch ganz Wille, ganz Intelligenz usw., immer soll er ganz Mensch sein. Hier liegt die Differenz aller Philosopheme. Die echte Weisheit ist ein allseitiger Zustand.

Man kann nicht alles aphoristisch, nicht alles systematisch sagen.

Alles was da ist, ist nur durch eine Kraft, die ihm innewohnt; das Leben dieser Kraft ist: Äußerung; die Bedingung der Äußerung: Tätigkeit, — aktive Metamorphose. Das ist die Wurzel des Lebens. Wo Kraft des Einzelnen zu wirken aufhört, überlässt sie das Objekt allgemeinen, lösenden, elementarischen, — wir nennen's Vernichtung, passive Metamorphose: Das ist die Wurzel des Todes. Kräfte sind die Kapitalien der Natur, Erscheinungen ihre Interessen. Die göttliche Ökonomie verewigt jene, indem sie diese opfert. Sie nachzuahmen, ist Aufgabe des Menschenlebens. Denn auch die Sterblichen sind in diesem Gesetze mitbegriffen. Zwischen der Allmacht und der Unmacht liegt das Streben — die reine *menschliche* Tätigkeit, wodurch wir unsere Kraft aussprechen, leben, da sind. Trägheit übergibt uns den verneinenden Gewalten, dem Tode. Den Irrtum gleicht der Fort-[295]schritt aus, — wer sich aber aufgibt, und sagt: Es ist genug! — der ist verloren.

Es ist eine der falschen gangbaren Vorstellungen, dass das Genie, wie die Unschuld, nichts von sich wisse. Das Genie, eben weil es eins ist, wird bald genug seinen Standpunkt, wie den der Andern gewahr; es kann sich nichts verbergen, also auch sich selbst nicht; und überhaupt ist das Genie Geist und Einsicht, und nicht, wie so Viele wähnen, eine wundersame, überaus geschickte Dummheit.

Die Schule spricht immer von einer unendlichen Möglichkeit und einer endlichen Wirklichkeit. Und doch ist nur das Mögliche endlich, das Wirkliche aber unendlich.

Man kann sagen, wenn man Wortspiele liebt, dass all unser Wissen Anthropologie ist; die Philosophie: Philosophische Anthropologie, die Naturwissenschaft: Physische usw. Und es ist nicht nutzlos, dass man dies sagen kann.

Es ist gewiss, dass zuletzt alle Philosophie in eine Identitätslehre zusammenfließt. Der echte, gründliche Dualismus ist im Grunde identisch mit dieser Identitäts-Doktrin. Denn Analyse und Synthese sind so Eins wie Expansion und Kontraktion. Wissenschaft wäre nur dann vollendete Wissenschaft, wenn sie eines aus allem und al-[296]les aus einem erklären könnte. Dann wäre, wie im Universum, auch in ihr keine Lücke.

Geschichte, will sie was bedeuten, muss von der Kenntnis des einzelnen Menschen und seiner Modifikation im Weltverkehr ausgehen. Je mehr sie, wie ein guter Roman und ein wirkliches Ereignis, aus Individuen sich entfaltet, und dann, Zweige mit Zweigen verknüpfend, Kronen und Massen bildet, desto fruchtbarer wird sie sein. Hierin liegt die allenthalben empfundene Bedeutung der Memoiren. Je mehr sie gleich anfangs unter dem Vorwande von Ideen und Prinzipien, in die Wolken greifend, Massen ballt, desto leerer lässt sie uns. Alle Theorie muss Resultat sein, nicht aber Fundament. Der Mensch aber bleibt Wurzel, Stamm, Blüte und Frucht der Geschichte.

Das Produzieren, die eigentliche, freie, geistige Zeugung, bleibt, wie die leibliche, eine geheimnisvolle Operation erhöhter Momente. Nicht bloß vom Dichter gilt jenes *est deus in nobis*; — auch in der Wissenschaft wird Jeder, der sich ihr ganz und lebendig hingibt, diese Mitteilung von oben erfahren, vermöge welcher er zu schaffen befähigt wird. Denn auch die Wissenschaft hat ihr poetisches (schöpferisches) Element.

Es ist wenig Verstand in der Beschuldigung: Spinoza räume dem Verstande zu viel ein (kalter Verstan-[297]desmensch u. dgl.); da wir Spinoza aus seinen Büchern beurteilen, die von Dingen des Verstandes handeln, so ist das, als sagte man: A hat den Fehler, beim Rechnen zu viel Arithmetik anzuwenden. Zum Verstehen gehört Verstand; und wenn hierin ein Fehler liegt, so wäre er unsern neuern deutschen Weltweisen zu wünschen.

Den Gelehrten, die sich vorzugsweise „wissenschaftlich" zu sein rühmen, fehlt meist der Begriff eines organischen Ganzen. Was sie System nennen, ist nur ein gut geordnetes Kompendium, ein Schulbuch im Kopfe; sie verwechseln innern und äußern Zusammenhang. Dieser besteht oft ohne jenen; jener oft, scheinbar ohne diesen.

Die, welche die Welt gebildet nennt, unterscheiden sich von den wahrhaft Gebildeten dadurch, dass jene die Äußerungen, diese die Sache haben.

Dasein ist das einzige, das ungeheure Geheimnis. Tausende, mit ihrer erhitzten Phantasie in Wundern wühlend, ahnen nie das eigentliche Wunder. Auf diesem Begriffe ruht, in ihn verliert sich alle Reflexion.

Die Idee der Kompensation im sittlichen wie im körperlichen All ist groß und praktisch; eine fortzeugende, unschätzbare Geburt der Naturphilosophie, ein Schema, welches dem Denker allenthalben als Gesetz vorschwebt.

[298]   Keine Regel ohne Ausnahme? Das wäre mir eine saubere Philosophie! Jede Regel ist ohne Ausnahme; sonst ist sie keine Regel.

Will man aus der Existenz von Isomorphen mit differenten chemischen Bestandteilen einen Beweis gegen die tiefe Naturwahrheit, auf der die Möglichkeit einer Naturwissenschaft beruht — gegen die Wahrheit ableiten: Dass Form und Wesen sich ewig typisch entsprechen? Sind denn Edukte das Wesen einer Substanz, sie sei nun organisch oder kryptobiot? Mit unsrer Chemie ist es noch so eine Sache.

Die Theorie ist nicht die Wurzel, sondern die Blüte der Praxis.

Zum Lernen ist das Interesse nötig; zum Interesse der Glaube. Der Anfänger muss das Überlieferte vorerst gläubig aufnehmen. Die Skepsis findet sich schon selbst ein.

Es gibt eine ewige, unumstößliche Wahrheit. Sie, wie die deutschen Philosophen, aus etwas *vor ihr* beweisen wollen, ist Puppenspiel. Wer sie nicht, wo sie sich offenbart, anerkennt, hat keine Stimme im Reiche des Wissens. Irrtümer suchen sich als „Ansichten" geltend zu machen. Freilich sind wir alle nur Subjekte, Individuen; aber allen Individuen liegt ein gemeinschaftliches Ur-Individuum zu Grunde, welchem die Wahrheit als [299] Objekt entspricht. Wer nur die Dinge, wie sie sind, auffasst, und sein Tiefstes an ihnen entwickelt, der hat die Wahrheit. Denn alles Lernen ist ein Achtgeben auf die Entfaltung des Göttlichen in uns selbst.

Wir nützen selten dadurch, dass wir Wahrheiten aussprechen, Lehren erteilen; weit öfter dadurch, dass wir anregen, Probleme hinstellen, den Widerspruch aufrufen, das Gefühl ansprechen. — Man kann wohl den Weg weisen, — aber *gehen* muss Jeder selbst.

[300] *Kunst.*

„Wie die Perser der Sonne, so werden einst die Völker der Kunst huldigen."

Nur wenn man die Bitterkeit des Lebens geschmeckt hat, fühlt man ganz die Süßigkeit der Kunst.

Kunst ist keine Entdeckung, keine Erfindung, kein Plan, keine Weisheit, keine Kirche; sie spricht nicht das forschende, nicht das fühlende Vermögen im Menschen einzig an, — sondern den Menschen selbst und ganz. Sie überliefert das Unaussprechliche, selbst unaussprechlich; ein echtes Geheimnis.

„Einem echten Künstler kann das Leben nie langweilig werden, denn es liefert Resultate; ernste oder heitere, gleichviel: Sie müssen die Herrschaft der bildenden und ordnenden Kraft anerkennen."

[301]   Das Malerische ist der Übergang des Plastischen ins Musikalische.

Was nicht das Innerste des Menschen befreit, ist kein Werk der Kunst, sondern des Handwerks.

Man spricht ohne wahre Sachkenntnis, wenn man das Metier der Schauspieler Kunst nennt. Nicht jede Ausübung eines Talents, wozu Geist und Bildung gehört, macht den Künstler, — nur die freie, schöpferische Manifestierung der Idee.

In der Kunst, wie im Leben, beginnen wir empirisch mit Nachahmung; bilden uns allmählich eine Manier (im guten Sinne); und gelangen endlich (wenn uns die Götter wohl wollen) zum Stil.

Stil ist freie Ergebung des ausgebildeten Individuums an das allgemeine Gesetz. Religiosität.

Im Stile verlieren sich allmählich die Gegensätze, oder vielmehr, sie verbergen sich. Es entsteht die antike Einfachheit: Reichtum der Motive bei Einheit des Resultats.

Der Anblick des Firmaments wie der des Meeres oder ruhig hinfließender Ströme in weiten Ebenen gibt [302] uns das große Gefühl eines einfachen Zustandes, wo unendliche Bewegung zuletzt im Ganzen als Ruhe erscheint.

Die Phrase, man lege einem echten Kunstwerke mehr unter, als es enthalte, ist hohl. Als ob ein wahres Kunstwerk nicht alles enthielte! Als ob man's je auserklären könnte! Die Kunst, wie die Natur, spricht ans Ganze der Menschheit, welches in den einzelnen Menschen verteilt, und wie ein Lichtstrahl gebrochen ist. So mögen Winkelmann, Goethe, Herder, Lessing, Heinse und Feuerbach an dem Einem Laokoon forterklären.

Das Gute ist schwer zu wirken; das Wahre zu finden, kostet noch mehr Bemühung; kein Mensch hoffe, das Schöne hervorzubringen, es werde ihm denn von oben gegeben.

Kunstwerke wirken zur sittlichen Veredlung, indem sie das Beste in uns frei machen, unsern Standpunkt erhöhen, unser Inneres läutern. *Katharsis*. So werden wir besser, indem der Künstler bloß seinen eigenen Zweck im Auge hält, und die eigentliche, unmittelbare Moralisierung den Predigten, Müttern und Prügeln überlässt.

Gemeine Porträtmaler glauben zu veredeln, wenn sie auf eine vornehme Allgemeinheit hinarbeiten.

[303] Alle Kunst ist Symbolik. Wenn sie bedeutungslos bleibt, wird sie Handwerk; wenn sie allegorisiert, wird sie Philosophie; das sind ihre beiden Abwege.

In Beurteilungen von Kunstwerken heißt es gewöhnlich: Der Künstler hätte besser den oder jenen Moment gewählt! — Es frägt sich aber, was er aus dem gewählten zu machen gewusst hat.

Die Kunst kann nicht trösten; sie verlangt schon Getröstete.

Gorgo-Medusa, — der höchste Kunstbegriff.

Ein Werk bildender Kunst ist unvollkommen genug, wenn sich dessen Vorzüge durch Worte deutlich machen lassen. Der Künstler hat sich dann seiner eigensten Mittel begeben.

Die Stimmung, in welcher der Künstler schuf, geht durch sein Werk auf andere über. Darum warte er die gute Stunde ab, glaube an ein höheres Walten, und wisse, dass er Organ ist.

Der Maler, zumal der Ölmaler, muss nicht Komposition und Form allein im Auge haben; muss bedenken, dass er ohne Licht und Farbe nicht Maler wäre.

[304] Die Natur ist eine Sprache, von der wir selbst nur Akzente sind: Hässlichkeit, Tod und Übel verstehen wir nicht. Die Kunst ist eine Sprache von Menschen zu Menschen. Hierin liegt viel.

Der Augenblick der Konzeption ist der Augenblick der Begeisterung. Wenn dem Geiste ein ihm gemäßer Gegenstand in gemäßer Gestalt erscheint, fühlt er eine sinnliche Berührung. Man merkt es den Werken an, ob sie diese Feuertaufe haben.

Kunst ist dem Wesen nach: Darstellung des Göttlichen. Göttlich ist das Wahre, Gute, Schöne. Die Werkzeuge unterscheiden die Künste. Auszusprechen ist keine; jede spricht sich in Taten aus: Ein offenbar Geheimnis. Die höchste Kunst ist die, wo die ganze Menschheit Organ wird, und ihr Leben Darstellung des Göttlichen.

[305] *Leben*

Die Trägheit ist der wahre Teufel; die eigentliche Verneinung des Sittlichen. Fortwährend arbeitet die Indolenz mit müßiger Allmacht am Ruine des Einzelnen wie des Ganzen; alle Kraft, die Lust und Mannheit gewähren, ist aufzubieten gegen diesen Erbfeind des Guten.

Bulwer erinnert irgendwo, dass, wenn man einmal eine Maxime für allgemein gültig erkannt habe, man sich durch kein Privatmotiv je von ihr abwenden lassen sollte. Das ist so tief wahr und praktisch als jenes sophokleische Wort: Dass Jenem alles übel bekomme, der seine angeborne Natur verlasse; denn das geistig Erworbene erweist sich, nicht minder denn das Angeborne, als die wahre Natur des Menschen. Gesetzt, ich habe erkannt, dass für mich das Spiel durchaus verwerflich ist; nun tritt der Fall ein, dass ich einen Menschen retten kann, wenn ich spiele; wenn ich nur diesmal spiele. Soll ich spielen? Nein.

[306] Das Schlimmste, was die Kränklichkeit unserer Zeit mit sich bringt, ist, dass in ihr selbst ein einlullendes Gefühl verborgen liegt, eine Süßigkeit, welche in den armen Kranken sogar den Wunsch zu genesen unterdrückt. Kann man daher

in ihnen nur die Ahnung der Gesundheit rege machen, so ist zur Heilung der erste Schritt getan.

Wer das Große nie in seiner Manifestation an lebenden Menschen gesehen hat, der hat nur davon geträumt. Bücher sind nur ein schlechter Ersatz dafür.

Die unmittelbare Einwirkung des Menschen auf den Menschen ist das einzige geistig Wirksame; und nur was davon in ein Buch geheimnisvoll übergeht, verleiht dem Buchstaben Wert. Der Sittliche verbreitet eine Atmosphäre des Anstandes um sich her, der Begeisterte entzündet, in der Nähe des Klugen schärft sich das Urteil, Liebe erzeugt Gegenliebe, der Frohe belebt.

Hat man nur einmal den Ton getroffen, aus dem mit einem gegebenen Individuum zu sprechen ist, so bildet sich ein bestimmtes Verhältnis. Der Ton, einmal angeschlagen, klingt von selbst immer wieder.

[307] Vom Zentrum aus beginnt die Bildung, strahlenförmig. Hat der erste Radius die Peripherie erreicht, so entfaltet sich sein Nachbar, oder meist, nach dem Gesetze der Extreme, sein entge-

gengesetzter; und so einer nach dem andern, bis die Sphäre vollendet ist: Harmonische Ausbildung.

Es ist in unserer Natur, nebst dem Streben nach Enträtselung, etwas Träumerisches, das auch befriedigt, ja ausgebildet sein will.

Objektivität im geistigen Leben, Mäßigkeit im physischen, in beiden rastlose Tätigkeit ohne Hast, — bedingen einen behaglichen Zustand.

Die Väter sehen in ihren Kindern meist nur ihre Kinder. Was sich in diesen auch durch Zeit und Verhältnisse oder von innen heraus entwickle, — für jene ist es nicht vorhanden. Das macht nun oft die Söhne unwillig und unbillig. Es sollte aber nicht. Den Eltern gegenüber sind wir nichts als Söhne; da ist Liebe und Ehrfurcht an ihrem Platze.

Der Vorgesetzte, der General, der Minister, der Monarch usf. bedürfen der Selbstverleugnung besonders. Es ist nicht zu vermeiden, dass sie von einigen gehasst werden. Sie können ihrer Stellung nicht genügen, ohne [308] Manchen weh zu tun; und wie viele Menschen gibt es, die eine solche Handlungsweise begreifen, wenn sie darunter leiden?

Es ist für den Arzt und Wissenden genug gesagt: Wie man Geisteskranke behandelt, so müsste man die meisten Menschen behandeln, wenn man ihnen helfen wollte. Mag es dem Unerfahrnen grell klingen!

Das Beste ist zu finden, wo es niemand sucht; Schätze der Einsicht in wenig geachteten Büchern, größere Schätze in Menschen, die man kaum berücksichtigt. Wer nur *recht* sucht, der wird finden; wer strebt, wird erlangen: Schweigend versteht man sich, wundersam trifft man zusammen; nicht das, was man sich sagen kann, nur das Erweckte bleibt Besitz. Die stillen Erwerbnisse verschließt man vor der Menge, seltene Keime in jungfräuliche Erde senkend; und wer je solche Wege gegangen ist, weiß, dass es weder Rätsel noch Träume sind.

Man muss immer dasjenige treiben, wozu man sich am wenigsten getrieben fühlt; das ist: Nach Zwecken, welche die Vernunft zur Vollendung des mangelhaften Individuums diktiert, sich leiten und bestimmen.

Es ist wahr, man kann sich keine andere Empfindung geben; aber man kann sich durch einen kühnen Entschluss in eine Situation bringen; da gibt sich dann das [309] Empfinden von selbst. Erst will man, dann muss man, und dem wird die Palme, der müssen will.

Die wenigsten Menschen sehen ein, dass es noch immer dieselben Interessen sind, welche die Welt zersplittern und vereinen, wie vor zweitausend Jahren; *mutatis nominibus*.

Menschen von trägem Genie haben keine Vorstellung von der Wollust, die das kühne Kombinieren gewährt; sie sind blind für den Faden, der, auch zwischen die buntesten Enden der Dinge eingewebt, sie verbindend Einer Farbe nähert. Aber oft sehen Menschen von allzuschnellem Genie Fäden, wo keine sind, und ziehen ein willkürlich Gespinst über die Welt der Erscheinungen und Gedanken, das sie trübt und verschleiert.

Die tiefsten Gefühle des Menschen gehen allerdings erst aus der Intelligenz hervor.

Das Echte wird immer wieder hie und da — wenn nicht anerkannt, doch „anerfühlt", — und so sei es genug! Nichts geht spurlos über die

Erde, das Gute wie das Böse. Alles ist Saat im ewigen Acker.

Die Sehnsucht ist ein Irrtum der Seele, welche die Kraft des Geistes verkennt. Denn der Geist allein vermag zu erschaffen, was jene von Außen ewig vergebens [310] erhofft. Wer nach Liebe sucht, wird sie nicht finden, wer aber Liebe gibt, wird sie wieder empfangen. Das verzärtelte Gemüt fordert, wie ein weinendes Kind, den Himmel von der Erde, der nur im Geiste und in der Wahrheit ist.

Das wahre Unglück ist dasjenige, welches den Geist sich selbst entfremdet, dass er, in Verhältnisbanden, sich seiner Herrlichkeit schämt. Das Unglück als Schande zu empfinden, ist das Vorrecht einer sehr zarten, jungfräulichen Seele, die den Keim und das Verdienst zur Seligkeit in sich spürt.

Jeder lernt nur, was er im Tiefsten schon weiß; so dass man, im unmutigen Momente, alles Schreiben für eitel erklären möchte: Denn wer Dich versteht, braucht dich nicht, und wer Dich brauchte, versteht dich nicht.

Das Leben des Menschen erscheint als ein geheimnisvoller Kreislauf, in welchem das Ursprüngliche, Einfache geläutert, vervielfacht endlich wieder zur Erscheinung kommt, der Anfang als Ende wiederkehrt. So lernt man, was man weiß, so wird man, was man war.

Leicht setzt sich das einseitige Bestreben durch, indem es eine vereinzelte Kraft auf Kosten der andern bewegt, während das Echte nur durch die allmächtige, aber unscheinbare Harmonie der Kräfte gedeiht, die nur in den Händen der Vorsehung ruht.

[311]   Die Leere des Innern, da sie eine Negation ist, kann man nicht eigentlich empfinden; es gibt aber Momente, in denen sich dieses Vakuum gleichsam verdichtet; und nun entsteht das Gefühl derselben. Dieses ist der Anfang der Heilung, denn es erzeugt ein Streben.

Es gibt eine herrliche Konsequenz, die nicht das kümmerliche Ergebnis berechneten Selbstzwanges ist, sondern das treue Bilden und Wesen einer stillen, klaren, in sich einigen Natur.

Jede wahre Verehrung flößt mir wieder Verehrung ein. Denn, dass wir das Schöne und

Rechte erfassen dürfen, ist doch die höchste Gnade, die uns wird.

Das Hoffen ist aus dem Wünschen und aus dem Vermuten zusammengesetzt; beides aber deutet auf die Grenzen der menschlichen Natur.

Wie im Auge ein Punkt ist, der nicht sieht, so ist in jeder Seele ein dunkler Punkt, der den Keim des innern Verderbens enthält. Alles kommt darauf an, diesen Punkt in sich durch sittliche Klarheit zu begrenzen, dass er unsichtbar bleibe, so lange wir leben. Wird ihm Raum gewährt, so breitet er sich aus, weiter und weiter, ein Schatten legt sich über die Seele des Menschen, und die Nacht des Wahnsinnes bricht endlich über den Unglücklichen herein.

[312] Bis ins späteste Alter lernen (nicht auswendig, sondern inwendig), das ist Genießen, das ist Leben. Da wächst die Seele, in konzentrischen Kreisen, göttlichen Sphären zu.

Je bescheidner, ja zaghafter man beginnt, desto sicherer, kräftiger werden bald die Schritte.

„Die Kinder der Welt sind klüger als die Kinder des Lichtes; diese aber sind seliger."

Armut und äußerer Druck sind nichts; aber fürchterlich ist das Los des Edlen, das ihn untätig macht, und der Willkür der Gemeinen unterwirft.

Der Glaube gibt durch sich selbst, was er verheißt.

Die Verschwendung, wie die Kraft, spielt mit Mitteln, die der Schwäche, dem Geize Zweck und Höchstes sind.

„Arroganz, die Karikatur des Stolzes."

Echte Tugend ist Stärke des Geistes; ihr Grund ist Weisheit, ihre Erscheinung Schönheit.

Wer stets in Ironie und Satire sich ergeht, gibt zu erkennen, dass er auf niederer Stufe steht; dass er mitleidet, unfähig sich zu erheben.

[313] Entwürdigender Ausspruch: Dass Liebe blind sei! — Leidenschaft (*cupido*) mag die Binde vor dem Auge haben, — aber nichts, im Himmel und auf Erden ist *sehend*, als die Liebe.

Göttliche Apathie und tierische Indifferenz werden so oft verwechselt. Diese ist der Zustand der Larve, jene des Schmetterlings.

Man ist scharfsinnig im Leiden, weise in der Freude.

Ein Mensch ohne Liebe — eine Landschaft ohne Himmel; ein Mensch ohne Streben, — eine Landschaft ohne Fluss.

Wenn man gefehlt hat, so ist man über Andere unwillig.

Man fürchtet, was man nicht versteht.

Über etwas grübeln, und sich etwas klar machen, — das ist zweierlei. —

Die Wahrheit eröffnet sich uns nicht: Wir müssen uns ihr öffnen.

Gebundenes Feuer zeitigt Früchte.

Der steht hoch und am höchsten im Leben, der in gewissen Stunden sich nach Schmerzen sehnt.

Man lehrt am besten, wenn man vergnügt, lernt am besten, wenn man betrübt ist.

[314]   Man hat noch nicht bestimmt, bei welchem Grade von Seelendisharmonie der Wahnsinn anfängt.

Ein gewisses Selbstgefühl macht besonders geschickt zum Umgange mit Menschen; und nichts erzeugt dies Selbstgefühl gewisser, als der Umgang mit Menschen.

Auf Kultur kommt alles an. Kultur ist Angewöhnung zum Rechten. Wie der physische Mensch an alle Klimas gewöhnbar, so ist der geistige nach allen Seiten hin entwicklungsfähig.

Die Redensart: „Dies oder Jenes erhebt uns über uns selbst" ist uneigentlich; es muss heißen: „Zu uns selbst."

Das ist der Fels, an dem die Besten scheitern, dass sie aufhören zu lieben, wenn sie anfangen zu erkennen. Wohl Jenem, der Erkenntnis errungen, und Liebe bewahrt hat, — der die Welt, ihr zum Trotze, liebt!

Pläne sind die Träume der Verständigen.

Es ist nicht genug, sich als Objekt zu betrachten; man muss sich auch so behandeln.

Nur der Beseelte ist empfänglich: Ohne Begeisterung wirkt man nicht; der Enthusiasmus hindert; es vernichtet der Fanatismus. —

[315] Das Geschick ist stumm; ihm gegenüber sei es der Mensch.

Das Geschick spricht durch Ereignisse; durch Taten spreche der Mensch.

Die Kluft zwischen zwei Naturen ist nicht auszufüllen; denn so hat es die Natur gewollt. Aber hier wird Liebe Pflicht, die nichts als Duldung ist.

Schicksal und Zufall! Jenem unterwirf dich, diesen unterwirf dir — und du bist, was Menschen sein können.

Willst du das Licht sehen, so darfst du nicht den Kopf hängen; aufwärts musst du blicken, denn es kommt von oben.

Die Philosophie lehre uns unser Los begreifen; die Religion lehre es mit Ergebung tragen; die Kunst lehre es verschönen.

Bei der Welt setzt man sich in Respekt, wenn man tadelt, — bei Vernünftigen, wenn man billig ist.

Weder Demokrit noch Heraklit ist mein Mann. Es ist in der Welt nichts zu belachen, nichts zu beweinen, — aber viel zu betrachten.

Universalgenie? Jedes wahre Genie ist ein Universalgenie. Man hat mehr oder weniger Anlage zu diesem oder jenem, aber man ist ein Genie ein- für allemal.

[314] Die Welt spürt die Überlegenheit eines tüchtigen Geistes; sie gibt dies Gefühl durch Kritteln zu erkennen, weil sie sich gern von der Übermacht befreien möchte; allein nur Liebe und Anerkennung befreien wirklich.

Den wahren Wert Anderer erkennen, heißt seinen eigenen aussprechen; denn nur der Würdige würdigt.

Die Unzufriedenheit ist auch ein Element in der Komplexion des Menschen; es ist zu etwas da; man muss ihm seinen Wirkungskreis anweisen.

Mit wenig Bemühung, im Rausche des Momentes, wird das Ungeheure zur Welt geboren;

rastloser Aufwand harmonischer Kräfte bringt nach langen Jahren das unscheinbare Große hervor.

Instinkt ist das Naturgesetz unter dem Scheine des Willens; Wille ist das Naturgesetz mit Selbstbewusstsein; Charakter ist die ausgebildete Gewohnheit zu wollen.

Reue ist Verstand, der zu spät kommt.

Man hätte die Anlagen zu bilden, die Neigungen dagegen zu dämmen, und dabei stets die Übereinstimmung mit sich selbst im Auge zu behalten.

Jeder Mensch will eigentlich jeden Andern anders haben; das ist der Ausdruck für das gemeine Menschenver-[317]hältnis. Jemanden nicht anders haben wollen als er ist, heißt ihn lieben, und entspringt aus Erkenntnis. Alle Menschen haben wollen, wie sie sind, heißt die Menschheit erkennen, und lieben. Es versteht sich, dass hier bloß vom Menschlichen die Rede ist, das diesen Namen verdient. Der Höchste lässt uns alle gelten.

Was wäre das Große, wenn es vom Kleinen gefasst werden könnte?

Die gemeinsten Sätze sind noch nicht verstanden genug, weil man sie oft gelesen hat. Es wird Einem nichts geschenkt; man muss eben alles erleben, und dann erst begreift man die Verkettungen.

Man hört immer vom Ideale; man schwärmt darüber und hält es sich so erst recht vom Leibe. Das wahrhafte Ideal des Menschen aber ist: Ein gesunder Zustand, innen und außen.

Wenn uns das Schicksal anrührt, so beginnt erst unser Dasein. Der Finger des Unglücks deutet auf unser Ziel. Ein Leben ohne rechte Aufgabe erscheint dem Denker schal und unnütz. Mit was ein Jeder zu kämpfen habe, das unterscheidet die tüchtigen Menschen voneinander.

Wo nichts mehr zu enträtseln bleibt, hört unser Anteil auf.

Alle Mittel, die geeignet sind, dem Menschen über die Steppen des Weltlebens zu helfen, müssen liebevoll [318] gepflegt werden. Der Leichtsinn, diese liebe Göttergabe, gehört dazu.

Es ist ein alberner Vorwurf: Man überschätze das Nahe, Bekannte; als wenn man im

Stande wäre, das Ferne, das Unbekannte nach Verdienst zu schätzen!

Das höchste Glück, das du erfuhrst, die tiefsten Schmerzen, die du littest, das ist dein wahres Eigentum. Du kannst es nicht veräußern, nicht hinterlassen.

Rühme sich keiner seines Mutes, der *allein* auf Erden ist!

Wie der Strom über die Leichname der Ertränkten seine Wogen hinwälzt, so lerne der Geist die Opfer des Herzens überfluten, und, während sie unten ruhen, oben das Licht des Himmels wiederstrahlen.

Der Natur ist so viel abzulernen: Die Ruhe, die Unermüdlichkeit, die stete Produktion, die Dauer im Wechsel, die Grandiosität, die fortbildende Entwickelung.

Grandiosität ist die Eigenschaft, Alles im Großen und Ganzen, ohne Rücksicht aufs kleinliche Einzelne, zu wirken.

Ein Gefäß, bis an den Rand voll, läuft über, wenn ein Tropfen darauf fällt. Dann sagen die Leute: Das Gefäß ist von Einem Tropfen übergegangen!

Umändern kann sich niemand, bessern kann sich Jeder.

[319] Die Mode ist ein interessantes Phänomen. Noch hat es kein Philosoph gehörig beleuchtet.

Oft genug hört man sein Echo in der Welt; selten einen verwandten, selbstständigen Anklang; seltener eine wahre, fördernde Beurteilung.

Das Gefühl, auf sich zu beruhen, ist mit nichts in der Welt zu vergleichen. Es ist das wahre Prometheusabzeichen.

Geringe Menschen sind stolz. Sie halten fest an ihrem idealen Besitz in der Sozietät, weil sie fühlen, dass sie ohne ihn nichts mehr sind. Große Charaktere wissen, dass ihnen alles bleibt, wenn sie scheinen alles geopfert zu haben.

Der Einseitige wird, auch bei großer Ausbildung, stets etwas Rohes behalten.

Harmonie ist nicht Gleichsetzung, sondern gehöriges Verhältnis. Das Niedere muss dienen, das Höhere herrschen. So muss die Vernunft der Phantasie gebieten, nicht beide dürfen gleiches Recht genießen.

Es gibt eine Sittlichkeit auch in den gemeinen Verhältnissen des Weltverkehrs. Man nennt sie Diskretion.

Dass die sozialen Zustände nicht wesentlich sind, macht sie nicht weniger notwendig.

[320] Was du dir selbst glaubst, glaubt dir Jeder.

Nichts ist leichter, als außerordentlich zu scheinen: Man braucht nur seine Bedürfnisse zu verbergen; nichts schwerer, als es zu sein: Man muss den Bedürfnissen der Menschen entsagen.

Alles Gute liegt in der Beschränkung des Subjektiven gegen das Objektive: Liebe, Weisheit, Aufopferung. Alles Böse ist Egoismus. Jenes erhält, dieser verneint das Ganze, und würde für sich die Welt zerstören.

Aus dem Vergleichen und Unterscheiden geht die Erkenntnis hervor.

Auf der Erkenntnis beruht die Freiheit.

Jeder, der sich bildet, hat eine Epoche der Wiedergeburt; *wohin* er da geboren werde, das entscheidet über sein Schicksal.

Ein gebildeter Mensch ist kein fertiger. Bildung ist der Weg von Nichts bis zum Anfang. Man hat sich orientiert, — nun heißt es wandern!

Es schauert einen, wenn man die Spinnewebenfäden sieht, an denen unsere innere Kultur, also unser eigentliches Glück hängt.

Die Anlage zur Furcht wird durch Ausbildung des Denkvermögens oder des Stolzes bekämpft.

[321] Mängel gehören so sehr zur menschlichen Natur, dass sie bei der Erziehung gar oft gehegt werden müssen, wenn ein Mensch das werden soll, was nur Er werden kann.

Der Zartheit ist die Geduld beigegeben, um sich zu erhalten; der Kraft bereitet die Ungeduld oft den Untergang.

Reine geistige Ein- oder Mitwirkung ist die höchste Wohltat, die der Mensch dem Menschen gewähren kann.

Hypochondrie ist Egoismus. Am gewissesten wird sie durch Erweckung des Sinnes für die Welt und Menschheit geheilt.

Skeptizismus ist Schwäche. Man resigniert sich beim Gewahrwerden von Schwierigkeiten, die der Mutige mit Ausdauer bekämpft. Halbe Ärzte sind meist Skeptiker.

Es gibt mehr Dinge im Gehirne der Narren, als der Weise begreifen kann.

Wenn Menschen einander hassen, so kennen sie sich nicht.

Doppelt bleibt die Aufgabe des Menschen: Abgeschlossen zu sein in sich, aufgeschlossen für die Menschheit.

Ein großer Impuls frommt mehr als tausend kleine.

Tätigkeit nach einem ernst durchdachten, tief empfundenen Zwecke, mit Ruhepunkten des Genusses, hebt und erhält die innere Lebenskraft.

[322] Man erkennt, was andre leisten, und möchte sich selbst vorgreifen. Das ist ein Kriterium unserer Zeit.

Das Gute, Rechte, wenn es ruhig und unverdrossen, sich wiederholend fortlebt, gewinnt magische Kräfte, und endlich den gewissen Sieg. Unsere Waffe ist die Offenbarung unsers innern Seins.

Religion ist das tiefste und letzte Bedürfnis des hochgebildeten Menschen. Er fühlt, dass er verehren und anbeten muss, und sucht sich dies Gefühl zu deuten, um ergeben und klar im Lichte der Gottheit zu wandeln.

„Es ist leicht, da, wo die Gesellschaft empfänglich ist, etwas praktisch hinzustellen. Geht es aber nicht an, so denkt man: Du wirst im Stillen etwas machen, was die andern nicht verhindern können, und was noch andere erfreut und in Gesinnung und Streben befestigt."

Edle Erinnerungen sind der Stoff, woraus unser Gemüt die Poesie unseres Lebens gestaltet.

Das Beste lässt sich durch Worte nicht mitteilen. Es offenbart sich das Mark der Dinge dem stillen, durchdringenden Geiste durch treue Hingebung an die Gegenwart; der Geist des Lebens dem Guten durch Umgang und strebendes Zusammensein mit den Besten, die, in Liebe und verschwiegenen Taten, eine große, ewige Gemeinde bilden.

[367] *Tagebuchblätter.*

Condo et compono, quae mox depromere possim.

Horat.

[369] Die Werke der Dichter, – Romane und Theater, – haben vor rein didaktischen Büchern eben das voraus, dass sie nicht alles aussprechen (woraus Langeweile entsteht); sondern dass sie im Leser, indem sie ihm ein Problem hinwerfen, das eigene Nachdenken anregen. Haben wir ihn nun in den vorangehenden Blättern gelangweilt, so gedenken wir uns durch die folgenden dem eben genannten Vorteile der Dichter zu nähern. Denn aphoristische Reflexionen reizen mehr an, als sie befriedigen, regen mehr an, als sie geben.

Das Leben streut überall Aufgaben, und für den Aufmerksamen (in Symbolen) Grundsätze aus. Ein Gleiches leisten vortreffliche Bücher und erfahrene Menschen. Wir müssen überall hinhorchen, woher Beruhigung und Kräftigung zu gewärtigen ist. Was wir auf diese Weise uns aneignen, wenn wir das uns Gemäßeste finden und in uns verwandeln, ist eben sowohl unser Eigentum, als das, was wir erdacht zu haben glauben. Denn erfinden kann der Mensch doch nichts; er betätigt, indem er denkt, nur das in ihm, wie in allen, wirkende Gesetz des Denkens; ihn umgibt die Atmosphäre des Wahren, aus welcher er einhaucht und wieder ausatmet.

[370] In diesem Sinne kann jenes Wort von Goethe Manchem, der sich mit unserer Aufgabe beschäftigt, sehr gemäß und fruchtbringend sein: „Ein zu zart Gewissen, das eigene Selbst überschätzend, macht auch hypochondrisch, wenn es nicht durch große Tätigkeit balanciert wird."

So auch dieses andere Wort eines deutschen Schriftstellers: „Wer Geist und Körper in vollkommener Gesundheit erhalten will, muss frühzeitig an den allgemeinen Angelegenheiten der Menschen Teil nehmen."

Nach Gleichgewicht gegen außen und in sich, ist zu streben. Nun ist dies, insoweit es durch den Willen erreichbar ist, in Bezug auf vegetatives Leben: Genügsamkeit, – in Bezug auf irritables: Balance zwischen Bewegung und Ruhe; – in Beziehung auf sensitives: Behagen. Hierin liegt unser Gesetz.

Es gelingt nur den geistig kräftigen und sittlich durchgebildeten Menschen, in sich eine gewisse Stille zu bewahren, die selbst während bewegter Momente und Epochen, wie der Punkt des Archimedes, noch eine Stätte für die Betrachtung bietet; die dem Sein das Denken zugesellt, welches die wahre Glückseligkeit des Menschen ausmacht.

Mit der Leidenschaft möchte es immerhin angehen, – wenn sie nur kommensurabel wäre.

[371] Oft habe ich mich scharf beobachtet, und gefunden: auch bei umwölktestem Kopfe ist der Gedanke rein und frei, wie Etwas, das, von außen gedrängt, sich *unendlich* unverletzbar zurückzieht. Nur die Wirkung ist ihm gehemmt; er kann gleichsam nicht empfunden werden.

Es gibt kühlende Gedanken, wie es erhitzende gibt. Das Verhältnis ist nicht wie das der fröhlichen und traurigen, beide können beides sein.

„Der Zweifel, das bangste aller Gefühle, löst sich durch die Verzweiflung, die oft zum wahren Heilmittel wird."

Es gibt Augenblicke, glückliche Augenblicke, von denen man sagen kann: Der Körper hat sich bis auf das Vergessen seiner Bedürfnisse dem Geiste untergeordnet. Der freie Schwung unserer Kräfte strömt wie ein Meer zwischen einem sichtbaren und einem unsichtbaren Lande.

Wohl Jenem – geistig und leiblich – dem solche Augenblicke werden; der sie durch eine ideale Richtung des Lebens zu rufen, – aber auch durch Besonnenheit zu mäßigen versteht!

„Die Natur heilt, wo sie verwundet. Aber wo der Mensch sich selbst zu nahe tritt, – soll sie da, wie die Mutter des verwöhnten Kindes, ihn noch stolz durch ihre [372] Teilnahme machen? Ist diese Ruhe, dieser schlängelnde Bach, dieser stille Wald, dieser blaue Himmel, diese allgemeine Harmonie der ewigen Schönheit, nicht mütterlicher Balsam genug in deine Seele?"

Und ist es nicht edler und natürlicher, die kleine Dissonanz der Selbstheit in jenen harmonischen Einklang aufzulösen, als ihn durch sie zu verderben?

Eine Kunst, das Leben zu verlängern? ... Lehrt den, der es kennen gelernt hat, lieber die Kunst, es zu ertragen!

„Das ganze Geheimnis, sein Leben zu verlängern, besteht darin: Es nicht zu verkürzen."

Dreierlei muss bei der Tätigkeit berücksichtigt werden, wenn sie wahren Segen bringen soll:

1. Sie muss ihr Maß bewahren; „ohne Rast, aber ohne Hast."

2. Sie muss in der rechten Stunde den rechten Gegenstand mit Liebe ergreifen, nicht invita Minerva.

3. Sie muss abwechseln – mit Ruhe und mit den Gegenständen. Die Natur des Geistes ist so geartet, dass uns der Wechsel meist mehr Erholung schafft, als die Ruhe.

[373] Ruhe, Genuss oder Strapaze? – „Der angemessene Wechsel von abhärtender Tätigkeit und dadurch bedingtem gründlichen Behagen."

Leicht bemerkt es sich, dass die Lebensansicht, die den Genuss apotheosiert, weniger Genuss schafft, als die, welche ihn mit Maß schätzen, also auch den geringeren würdigen lehrt, dass jene unfehlbar den Lebensüberdruss erzeugt, den diese allein zu heilen fähig ist.

Für den rechten Menschen ist Trost nicht heilsam, weil er schwächt. Pflicht ist sein wahrer Trost. Sehnsucht ins Unendliche ist Verkennen des Endlichen; Jammer über Verkanntsein – Verkennen des Menschenzweckes, der nicht *draußen* liegt. Ja, Seelenleiden sind nur zu oft Bußen – d.h. natürliche Folgen innerlicher Unnatur!

Das Übersehen der geistigen Wirksamkeit rührt bei Gebildeten meist von jener flachen Ansicht: Alles, was lebt, lebt durch Etwas außer ihm. So wird das Leben des Menschen zu einem abstrakten Nichts gemacht, welches eine medizinische Schule: Erregbarkeit genannt hat. Allein das Leben wirkt von innen heraus. *Mens agitat molem.*

Was wir leiblich tun, um zu leben, aneignen und aussondern, einatmen und ausatmen, – müssen wir geistig wiederholen. Eine Systole und Diastole muss das innere [374] Leben sein, wenn es gesund bleiben soll. Jetzt erweitern wir uns, wir lernen, wir genießen, wir handeln, wir gehen aus uns heraus – und schon treibt uns der ewige Pulsschlag des Schicksals wieder in uns zurück und nötigt uns, alle unsere Kräfte in *einen* Punkt zu sammeln, um sie von da aus wieder in die Breite zu versenden. Wer sich immer ausdehnt, zerfließt, – wer sich immer in sich zurückschließt, erstarrt.

Immer aufmerken, immer denken, immer lernen, – darauf beruht der Anteil, den wir am Leben nehmen, – das erhält die Strömung des unsern und bewahrt es vor Fäulnis. Und so gut wie vom „Lieben und Irren" lässt es sich sagen: „Wer nicht mehr strebt, wer nicht mehr lernt, der lasse sich begraben."

O what noble mind is here overthrown! Ich kenne keinen tieferen, sittlichern Schmerz, als den diese Worte aussprechen. Die Verneinung scheint sich ans Ewige selbst zu wagen und nichts mehr beharren zu können. Und doch bietet unsere Zeit uns keinen Schmerz öfter als diesen. Möge doch jede bessere, zarte Natur auch jene materielle Härte an sich ausbilden, die in dem Kampfe mit den irdischen Mächten nun einmal unerlässlich ist!

Der Zartheit ist die Geduld zur Erhalterin beigegeben; der Kraft bereitet die Ungeduld oft den Untergang.

[375] Geduld! Ernstere Schwester der Hoffnung, wohltätiger Balsam der heilenden Natur des Geistes; wundervolle, tief-innere Kraft des Wollens – nicht zu wollen, wirkend durch Leiden! Welcher Kranke hat nicht im glücklichen Augenblicke deinen Zauber erfahren – wenn er ihn heraufzubannen verstand! Welcher Arzt weiß nicht, dass die Fieberparoxysmen vor dir weichen, und wenn du das Bett des Leidenden verlässest, sich verdoppeln, dass du die heftigsten Schmerzen bändigen, die schwierigsten Kuren beschleunigen hilfst! Du allein bist stark im Schwachen, du allein schon die völligste, die zarteste, die schönste Offenbarung der *Seele* als heilender Kraft im Leibe.

Hypochondrie ist Egoismus. Dichter, gewohnt in den Tiefen ihres eigenen Busens zu wühlen, ihre Gefühle und inneren Zustände zu zergliedern, sich als den Mittelpunkt der Welt zu empfinden, fallen meist diesem Dämon anheim. Ich habe einen dieser schön und traurig Begabten gekannt, den nur das Studium der Geschichte, die reine Teilnahme an dem Weltganzen, auf Augenblicke von solchen Qualen befreite. Diese Richtung würde ihn unfehlbar ganz geheilt haben, wenn es nicht zu spät gewesen wäre.

In der Brust eines jeden Menschen schläft ein entsetzlicher Keim von Wahnsinn. Ringt mittelst aller heitern und tätigen Kräfte, dass er nie erwache!

[376] Skeptizismus, der trübe, kleinliche Skeptizismus des Weltlings ist Schwäche. Man resigniert sich beim Gewahrwerden der Schwierigkeiten, welche der Mutige mit Ausdauer bekämpft, welche der Glaube allein zu überwinden hoffen darf. Halbe Ärzte sind meist Skeptiker.

Es handelt sich nicht darum, sich Apathie anzubilden; es gilt die reinsten, die edelsten Leidenschaften in sich zu entzünden und zu hegen.

Halte dich ans Schöne! Vom Schönen lebt das Gute im Menschen, und auch seine Gesundheit.

Berufstätigkeit ist die Mutter eines reinen Gewissens; ein reines Gewissen aber die Mutter der Ruhe, – und nur in der Ruhe wächst die zarte Pflanze des irdischen Wohlseins.

Es kommt weniger darauf an, sich immer bei Verstand zu erhalten (und wem gelänge das so leicht?) – als eine gefasste Stimmung in sich zu bewahren, – und Etwas zu haben, woran man sie emporhält, wenn sie sinken will.

„Wissen gibt eine Stimmung und nimmt eine Stimmung."

[377]   Man nötige präzipitierte Naturen zu langsamem Gehen und Schreiben; unentschlossene zu raschen Handlungen; in sich versenkte, träumerische gewöhne man den Kopf stets in der Höhe zu halten, Andern ins Gesicht zu sehen und laut und vernehmlich zu sprechen. Es ist unglaublich, aber ich habe es erfahren, wie sehr solche Angewöhnungen auf Seele und Körper wirken.

Es ist nicht genug, sich als Gegenstand zu betrachten, man muss sich auch so behandeln.

Welcher Umgang dich kräftig, dich zur Fortsetzung der Lebensarbeit tüchtiger macht, den suche; welcher in dir eine Leere und Schwäche zurücklässt, den fliehe wie ein Kontagium.

Leiden sich als Prüfungen vorzustellen, bleibt ewig der schönste und fruchtbarste Anthropomorphismus. Er macht uns sittlich und gibt uns Kraft.

Entschiedene, eingreifende Aktivität ist dem Manne von Natur zugewiesen; passives Weben und Leben dem Weibe. Beide Gesetze dürfen nicht ungestraft überschritten werden.

[378] Bücher sind Brillen, durch welche die Welt betrachtet wird; schwachen Augen freilich nötig zur Stütze, zur Erhaltung. Aber der freie Blick ins Leben erhält das Auge gesünder.

„Nicht eine kränkelnde Moral, – *uns* frommt eine robuste Sittlichkeit."

„Was man kräftig hofft, das geschieht. Ein keckes Wort, was aber wunderbar tröstet."

Die Trauer kommt von innen und untergräbt aus der Tiefe den menschlichen Organismus. Ein Verdruss, der von außen kommt, stellt das Gleichgewicht am besten wieder her.

Gelingt es, die Aufmerksamkeit, sei es durch die Unterhaltung mit einem Freunde oder Buche, sei es durch Erinnerung oder Pflichtgefühl, auf einen gegebenen Punkt zu konzentrieren, so wird innere Traurigkeit und äußerer Schmerz noch gewisser den Stachel verlieren. Am gewissesten, wenn diese Richtung, dem Leidenden unbemerkt, von einem Andern gegeben werden kann.

„Durch tiefes Denken" – sagt Hippel – „gewöhnen wir unsere Seele zu einer Art Existenz außerhalb des Kör-[379]pers; sie bereitet sich durch einen Weg über Feld zu einem größeren, der uns Allen bevorsteht."

Das Abstrahieren, das sogenannte „Sich zerstreuen" taugt nichts. Indem ich beständig den Vorsatz in mir festhalte und innerlich ausspreche, von dem Gegenstande A oder B zu abstrahieren, halte ich eben dadurch den Gegenstand A oder B in mir fest und verfehle meinen Zweck. Indem ich aber den Gegenstand C fixiere, weicht A oder B von selbst.

Nur durch Position eines Andern wird etwas wahrhaft negiert. Ein Gesetz, welches nicht nur für die Diätetik der Seele, sondern für das ganze Leben von den wichtigsten Ergebnissen ist. Das Gemeine, Schlechte, Falsche und Hässliche werden nur dann wahrhaft verneint, wenn man das Edle, Gute, Wahre und Schöne an ihre Stelle setzt. Wer alle jene Übel als wirkliche Dinge betrachtet und gegen sie ankämpft, ist verloren; man muss sie als Nichts behandeln und Etwas erschaffen.

Ein gemäßigter Optimismus, wie er ja ohnehin aus einer echten Philosophie des Lebens entspringt, gehört zur Diätetik der Seele. Wer mit der Welt nicht zufrieden ist, wird es auch mit sich selbst nicht sein; und wer es mit sich nicht ist – wird er sich nicht in Unmut aufzehren? Wird er die innere Gesundheit bewahren können? –

[380] Es ist kein Mensch, der nicht schon unerwartet Gutes erlebt hätte. Das halte dir vor, und du wirst nicht an der Zukunft verzweifeln. Die Erinnerung wird – wie sie ein Dichter nennt – die Ernährerin der Hoffnung werden.

Wir sollen uns so behandeln, wie es von Reil gesagt wurde, dass er seine Kranken behandelte: Die Unheilbaren verloren das Leben, aber die Hoffnung nie.

Auf Energie beruht die Möglichkeit, sich den Mächten des Alls gegenüber, als Einzelwesen zu behaupten. Alle Energie aber, die wir uns *geben* können, beruht auf Bildung. Energien (der Erfahrung zufolge): Die träge (*vis inertiae*), die zähe, die stille, die feste, die beharrliche, die stoßweise, die duldende, die zarte, die wilde, die heitere, die, welche mehrere dieser Kriterien in sich vereint.

Ein Anderes sind die einzelnen Vermögen in ihrer Potenzierung: Verstand, Wille, Phantasie usf. „Energie" als Gesamtausdruck, bezieht sich auf das Resultat aus ihnen und anderem, oder auf die individuellste, ihrem Ursprunge nach unbekannte, dem lebendigen Wesen eingeborne Kraft.

Nicht verstimmt zu sein – ist eine Forderung, die weder dieses Buch, noch irgendeine Pflicht an den Menschen machen kann. Die Saiten eines Flügels werden [381] durch die Atmosphäre (als Hygrometer), sie werden durch ihre eigene Beschaffenheit verstimmt, das ist nicht zu ändern. Nun ist freilich auf einem solchen Instrumente gut zu spielen – ein schwierig Ding; aber der Virtuose leistet's – eine gute Weile; – leistet's, bis die Verstimmung Saite nach Saite ergreift und keine mehr Antwort gibt.

Stimmungen nicht zu *haben*, ist nicht in unsere Gewalt gegeben, wohl aber vermögen wir sie zu benützen, wie es der Dichter tut. Er gestaltet ein Kunstwerk aus ihnen, wie der Bildhauer aus seinem Marmor. „Und wenn der Mensch in seiner Qual verstummt, gab ihm ein Gott, zu sagen, was er leidet."

In diesem Sinne lassen wir auch jenen Augenblicken ihr Recht widerfahren, in welchen das Bewusstsein das seine verliert; ja wir begeben uns zuweilen desselben. Mögen sie Schmerz oder Freude bringen, sie gehören zur Dämmerung unseres Zustandes. „Es sind" – wie Rahel sagt – „Parenthesen im Leben, die uns eine Freiheit geben, welche uns bei gesundem Verstande niemand einräumen würde. Entschlösse sich – fragt sie – Jemand, ein Nervenfieber zu nehmen? und doch kann es uns das Leben retten. Es kommt aber von selbst."

Über die Stimmung durch Tageshelle habe ich neulich eine lebhafte Erfahrung gemacht. Die Lampe, die in meinem Schlafzimmer des Nachts brennt, brannte sehr [382] helle. Ich erwachte und wusste nicht, welche Zeit es war. Gewohnte, nächtliche, meist ernste, ja düstere Gebilde nahmen Besitz von meiner Phantasie und verjagten den Schlaf. Da schlug die Uhr fünf, und ich erkannte, dass das, was ich für Lampenschein gehalten, schon Tageshelle war. Augenblicklich veränderte sich meine Stimmung; dieselben Gegenstände, die mich eben verdüstert, erschienen im heitern Lichte, und ich hatte wieder Mut. Ich *empfand* diese Veränderung wie einen Ruck im Gehirne.

Eine gerührte Stimmung ist wie das Abendroth oder ein farbiges Glas, durch welches wir die Welt schöner, wie überzaubert erblicken.

Je ne sais, – mais j'aurais plus d'horreur d'un poison noir que d'une eau transparente comme celle-ci; sagt ein Mädchen im Théâtre de Clara Gazul, die, im Begriffe sich zu vergiften, die klare Flüssigkeit betrachtet. Sie gibt uns eine gute Lehre. Es kommt auf die *Farbe* an, die wir den Dingen verleihen, welche uns nun einmal bestimmt sind.

Das Leben des Menschen muss eine Morgenröte haben; ist sie einmal aufgegangen, so bleibt es Tag und es bedarf keiner Lampe mehr. Jeder, der den Namen Mensch verdient, hat diese Epoche der innern Geburt erlebt: Da er sich sein bewusst ward. Aber ein müßiges Aufpassen auf jeden Zahn im Räderwerke unseres Trei-[383]bens ist gegen die Natur. Ich bin nicht bloß Hirn, ich bin auch, und mehr noch, Herz, Hand, Fuß. Hat das Auge sein Ziel gefasst, so braucht der Körper nicht nachzudenken, um sich hin zu bewegen. Die

Rosen blühen unbewusst, und ebenso reifen die Früchte.

Der Grundfehler des Menschen ist Trägheit. Er untergräbt in tausend Formen unser Wohlsein. In Gebildeten verlarvt er sich in jene philosophisch sein sollende trübe, skeptische Weltansicht, die man Hamletismus nennen könnte, um sie für den Erfahrenen mit Einem treffenden Typen zu bezeichnen. Es ist ein Aufgeben seiner selbst, ein freiwilliges Erkranken und Sterben. Gesundheit und Leben ist Selbsterweckung.

Wenn der Verstand Alles vermöchte, so hätten wir weder Gefühls- noch Einbildungsvermögen.

Leib und Seele werden durch erschütternden Wechsel von Frost und Hitze, Lust und Qual gehärtet und gestählt. So erzieht die Natur ihre herrlichsten Söhne, so die Dichtkunst durch die echte Katharsis.

Die Erkenntnis kann uns keine Teilnahme am Leben einflößen; sie zeigt es uns vielmehr in seiner Nichtigkeit. Phantasie und Gefühl erregen unser Interesse für [384] dessen vergängliche Erscheinungen, und machen uns dadurch glücklich.

In diesem Sinne ist die Kunst ein gesünderes Streben, als die Philosophie.

Ein Begriff füllt den Menschen nicht aus, macht ihn nicht handeln, beruhigt ihn nicht. Dieses Alles wirkt nur die Gesinnung, das *je ne sais quoi*, welches sich nicht nennen, aber an Andern auffassen, an sich selbst lernen und üben lässt. Von Hafisens Gedichten ist sehr gut gesagt worden, dass sie nicht durch den Sinn der Worte, sondern durch die heitere Gesinnung, die sich aus ihnen über den Hörer verbreitet, so wunderbar erquicken.

Nichts schützt so kräftig vor dem schauerlichen Gespenste des Alters, vor der Verknöcherung unseres Wesens, die es verkündet oder begleitet, als ein heiterer Skeptizismus. Nicht über ewige Wahrheiten, sondern über sich selbst. Vor der Einseitigkeit des eigenen Individuums beständig auf der Hut sein, das ist die ewige Jugend.

Ein tüchtiger Mensch muss immer ein tüchtiges Werk vor sich haben. Eine Aufgabe, die ein Zusammenstreben aller seiner Kräfte verlangt. Dieses Leben ist ja doch nur eine Spannung, mehr oder weniger gewaltsam; jedes Nachlassen ist ein Erkranken, ein Ersterben.

[385] Das Schreiben, und wenn man auch nicht ans Druckenlassen denkt, ist ein wahrhaft diätetisches Stärkungsmittel, dessen in unserer überbildeten Zeit sich ohnehin fast Jeder bedienen kann. Man befreit sich von einem quälenden Gedanken, von einer drückenden Empfindung am besten, indem man ihn klar niederschreibt, indem man sie rein darstellt. Der Krampf der Seele löset sich, und der Wiederkehr ist vorgebaut.

Die Philosophie, welche sich der Betrachtung des Todes widmet, ist eine falsche; die wahre Philosophie ist eine Weisheit des Lebens; für sie gibt es gar keinen Tod.

Echte Tugend und wahres Wohlsein gründet sich auf Leitung durch sich selbst.

Wer sich je mit dem Nachdenken über seine eigenen leiblich-geistigen Zustände befasst hat, frage sich selbst: Ob er nicht erfuhr, dass sich die Empfindungen weit mehr nach den Vorstellungen, als die Vorstellungen nach den Empfindungen richten?

Die Leidenschaft ist das eigentliche Leiden; das besonnene Leben die wahre Tätigkeit. Denn dort leidet unser innerstes Wesen, hier wirkt es. Je mehr die Tätigkeit zur Gewohnheit, zum Elemente wird, desto mehr schützt sie vor dem Leiden. Das Leiden drückt nieder, das Wir-[386]ken erhebt; die Erhebung belebt, Krankheit und Tod sind teilweiser oder völliger Mangel an Erhebung.

Die Fehler früherer Jahre, physische wie sittliche, wirken auf die späteste Lebenszeit hinaus. So auch das frühzeitig errungene Gute.

Ich muss wollen, ich will müssen. Wer das Eine begreifen, das Andere üben gelernt hat, der hat die ganze Diätetik der Seele.

Wer gesund bleiben und es weiter bringen will, muss alle Tätigkeiten und Zustände in der Zeit wohl voneinander zu sondern wissen. Einsamkeit ist sehr gedeihlich: Aber in der Gesellschaft muss man nicht einsam sein wollen.

„Könnte man die Schnellkraft der Jugend mit der Reife des Alters verbinden, – da wäre man geborgen!" – Strebe nur, die erste zu bewahren! Da die andere sich von selbst aufdringt, so wird eine Epoche eintreten, in der dein Wunsch erfüllt wird.

Wonach Einer recht mit allen Kräften ringt, das wird ihm, – denn die Sehnsucht ist nur der Ausdruck dessen, was unserem Wesen gemäß ist. Wer klopft, dem wird aufgetan; das Leben zeigt uns täglich Beispiele an [387] Abenteurern, Reichen, Ruhmsüchtigen, edel Strebenden. Und sollte es mit der Gesundheit anders sein?

Wir müssen in der ersten Epoche unseres Selbstbewusstwerdens die jugendliche Glut und Frische unserer Gefühle nur scheinbar, nur für eine Zeit lang aufopfern, um sie später, nur durch Einsicht und Erfahrung umso fester gegründet, wieder aufzunehmen.

Steht dir ein Schmerz bevor, oder hat er dich bereits ergriffen, so bedenke: Dass du ihn nicht vernichtest, indem du dich von ihm abwendest. Sieh ihm fest ins Auge, als einem Gegenstande deiner Betrachtung, – bis dir klar wird, ob du ihn an seiner Stelle liegen lassen, oder etwa pflegen und verwenden sollst. Man muss erst eines Objektes Herr werden, ehe man es verachten darf. Was nur so auf die Seite geschoben wird, dringt sich mit verschärftem Trotz immer wieder auf. Nur der wirkliche Tag besiegt alle Nachtgespenster, indem er sie beleuchtet.

Die Bildung ist wohl nötig, damit der Wille mit Klarheit wirke, aber nicht damit er überhaupt wirke. Man muss, während man mit der Kultur seiner selbst beschäftigt ist, ehe man damit zu Stande gekommen ist, das eigene Wohl durch Erweckung allgemeiner Energie zu fördern fähig sein. Die Intelligenz steht höher als der Wille, aber [388] dieser muss zuerst gebildet werden, damit er ihren Auftrag zu erfüllen vermöge.

„Ich kann aber nicht wollen" – sagst du – „ohne Etwas zu wollen. Und dies Etwas muss ich doch früher wissen!" – Gut, aber dies Wissen braucht kein Verstehen zu sein. Du weißt, was du willst, – im Allgemeinen – du weißt es nur zu oft nicht, im strengeren Sinne. Kein Begriff ohne Erfahrung – äußere oder innere; – wohl aber gibt es Erfahrungen, vor (also ohne) den Begriff davon.

Die Leere des Innern, da sie eine Verneinung ist, kann eigentlich nicht empfunden werden. Manchmal aber verdichtet sich gleichsam diese Leere, und es entsteht das Gefühl derselben. Das ist der Anfang zur Heilung; denn ein Streben wird Bedürfnis.

„Die Seele übermäßig Reicher, deren ungebildeter Geist die große Kunst, *reichselig* zu leben, nicht versteht, und keine edlere Beschäftigung kennt, ermattet im Genießen und Wünschen, und sehnt sich dunkel nach Gegenständen, die ihrer Kraft hinreichenden Widerstand leisten könnten."

Wie im Auge des Menschen ein Punkt ist, der nicht sieht, so ist in seiner Seele ein dunkler Punkt, der den Keim zu Allem in sich schließt, was uns von innen heraus untergraben kann. Es kommt Alles darauf an, die-[389]sen Punkt in sich durch Klarheit, Frohsinn und Sittlichkeit zu beschränken, – dass er, so lange wir leben, unsichtbar bliebe. Wird ihm Raum gegeben, so breitet er sich weiter aus; ein Schatten wirft sich über die Seele, und die Nacht des Wahnsinns bricht endlich über uns Unglückliche herein.

Ebenso gibt es auch in der Seele einen lichten Punkt, ein tiefstes, innigstes Plätzchen der Stille, der Helle, wohin kein Sturm und keine nächtliche Gewalt zu dringen vermögen. Wir können und sollen uns dahin flüchten, darin heimisch sein; es retten, bewahren, – es auszubreiten suchen. Selbst der Wahnsinn lässt ja – wie Jean Paul sagte – der Seele noch diese ewig lichte Stelle.

Man hat noch nicht bestimmt, bei welchem Grade von Seelendisharmonie der Wahnsinn anfange.

Nur zu oft wird Kraft mit Sinn verwechselt. Diesen, der mit der kränklichen Zartheit wächst, bildet unsre Zeit genug aus; jene, welche der Kern der Gesundheit ist, liegt brach. Wir haben Sinn für Alles, aber zu gar nichts Kraft.

Den Zwiespalt des menschlichen Daseins, mag ihn auch die Reflexion wegdemonstrieren, werden wir nie beseitigen. Wir wollen ihn lieber gewähren lassen, und uns [390] der lichten Stunden freuen, wo wir in Tat oder Liebe eine höchste Einheit ahnen.

Der Mensch kann mit der Zeit jedes Zustandes Meister werden: Sei es durch Verständnis oder, wo dies unmöglich ist, durch Assimilation. Wie sich der Organismus an Gifte gewöhnt.

„Nur im Schweigen des Nachdenkens keimen und wachsen die Erinnerungen. Das beste Mittel, uns einen Gegenstand gleichgültig zu machen, besteht darin, uns fortwährend davon vorzusprechen, damit wir nicht mehr den Wunsch hegen, daran in der Einsamkeit zu denken."

Man erhält sich vorzüglich auch dadurch in einem gesunden Zustande, dass man die Vorzüge jedes Lebensalters gehörig zu schätzen und auszubilden versteht. Die Frische und kräftige Unbewusstheit der Jugend, die besonnene Mäßigung der Männlichkeit, den ruhigen Überblick des Alters. Krank macht den Jüngling die zaudernde Überlegung, den Greis die unreife Heftigkeit. Die gütige Natur hat jede Zeit des Lebens mit Blüten geschmückt und mit Früchten bedacht.

Gleicherweise gedeihlich ist eine stete, dankbare Aufmerksamkeit auf die Millionen unbemerkter, immer wiederkehrender Freuden, die uns der Lauf der Stunden zustießen lässt. Wie viele freudige Empfindungen lässt der Mensch mit stumpfer Gleichgültigkeit täglich sich an ihm versuchen, – deren Anerkennung ihm erst ein dauerndes Behagen [391] geben würde! Zarte, geistreiche Menschen haben diese Reflexion häufig angestellt. Man muss lernen, wie Jean Paul, jedes Gelingen, jedes Fertigwerden, jedes erwünschte Begegnen, auf die Waagschale zu legen! – Wie Goethe die Natur zu preisen, die mit jedem Atemzuge ein neues Leben einflößt, – wie Hölderlin die Seligkeit zu segnen, dass wir der Sonne genießen dürfen, – und wie Hippel jeden Tag als eine Gnade zu begreifen, auf die wir keinen Anspruch zu machen hatten.

Ein reiner und edler Egoismus ist erforderlich, um heiter und gesund zu bleiben. Wer nicht sich selbst zu Liebe und Dank arbeitet, liebt und lebt, der ist übel d'ran. Von außen, von andern kommt selten oder nie ein reines Behagen. Alle Handlungsweisen des Menschen nähren ihre Früchte selbst und bringen sie unausbleiblich, gute wie schlimme.

Die menschliche Seele kann es sich nicht verhehlen, dass ihr Glück doch zuletzt nur in der Erweiterung ihres innersten Wesens und Besitzes bestehe. Frage sich jeder Gebildete aufrichtig: Wann er sich wahrhaft glücklich gefühlt habe? Nur in jener herrlichen Zeit jugendlicher Entfaltung, da mit jedem Tage neue Welten seinem Geiste sich auftaten, neue Sphären des Gedankens. Je älter man wird, desto sparsamer werden die Beglückungen; die irdischen Erkenntnisse haben zuletzt doch sichtbare Grenzen, und den erfahrensten Greis, muss ihn nicht am Ende [392] nur noch die Aussicht über sie hinaus – erhalten und beseligen?

Das ist das Wahrzeichen, wodurch der gemeine und höhere Mensch sich unterscheiden: Dass Jener sein Glück nur dann findet, wenn er auf sich selbst vergisst, Dieser, wenn er zu sich selbst wiederkehrt; Jener, wenn er sich verliert, Dieser, wenn er sich besitzt.

Begib dich mit deiner kranken, ratlosen Seele, mit deinen Bangen und Zweifeln, in die Kreise der Gesellschaft. Dort hat oft ein hingeworfenes Wort, wie ein Blick, die fürchterlichsten Nächte aufgehellt.

Auch die, welche dir die Nächsten und Liebsten sind, erträgst du manchmal schwer. Sei gewiss, es geht ihnen mit dir ebenso. Das bedenke gut und oft. Es gibt kein besseres Prophylaktikum.

Unser Zweck ist: Dem Geiste im Allgemeinen die gesunde und wahrhafte Richtung zu geben, und indem wir ihn durch unsere Betrachtungen erweitern und befreien, in diesen Blättern selbst ein Mittel zu liefern, welches, so oft sie etwa zur Hand genommen werden möchten, nie ganz seine heilsame, anregende Kraft versage.

[393] Im Einzelnen nachzuweisen, was alles der Wille in den *gewöhnlichsten*, *alltäglichen* Verrichtungen

und Zuständen des körperlichen Lebens zu wirken im Stande sei, wäre Pedanterie und würde unsere Absicht eher vereiteln.

Es lässt sich in den Schriften aufmerksamer Ärzte nachlesen, wie der Zorn aufs Gallensystem wirke, so dass die Galle in großer Menge, oder krankhaft geartet durch den Stuhlgang oder das Erbrechen abgeht, – der Wirkung eines Brechmittels analog; der Schreck auf die Nerven, welche zum Herzen oder zu den großen Gefäßen gehen, u. dgl. m. – wie Furcht und Hass Kälte hervorbringen, Freude oder Angst Hitze, frohe wie bange Erwartungen Herzklopfen, Abscheu und Ekel Ohnmachten, wie das Lachen und das Weinen vorzüglich Anstalten der versorgenden Natur zu unserem physischen Wohle – ja das letztere oft eine eigentliche Krisis mannigfach verwickelter Leiden – darstelle. Niesen, Gähnen, Seufzen, stehn – wenigstens negativ – in unserer Gewalt. Aber das Feinste, Merkwürdigste, und zugleich Alltäglichste in diesen Wirkungen ist mit Worten kaum auszusprechen; allein Jeder wird dessen zu seinem Erstaunen inne werden, der alles das, was wir von der Macht des Vorsatzes über den Körper schwärmten, mit Beharrlichkeit praktisch zu erproben versuchen will.

Man will bemerkt haben, dass der Anblick des Schönen wohltätig auf das Gesichtsorgan einwirke, wie die grüne Farbe der Wiesen, die tiefblaue des Himmels.

[394] Die Hypochondrie und Hysterie waren den Alten fremd. Versuchen wir zu sein wie die Alten, – edel wie die Griechen, kräftig wie die Römer, – vielleicht wird sie uns auch wieder fremd!

Hypochondrie ist es nicht bloß, sich ein Leiden, das man nicht hat, einzubilden, sondern Leiden, die man hat, zu aufmerksam zu beschauen.

Seelenkranke sollten in ihr Tagebuch nur solche Gedanken einschreiben, die ihnen Trost gewähren und freundliche Bilder vors Gemüt führen, um sie in düstern Stunden gegenwärtig haben zu können. So kann das Buch einen Freund vorstellen, der solchen Kranken mindestens *ebenso* nötig ist, als ein Arzt.

In einer anzuordnenden Diät für die Seele müssten besonders die Lebensalter wohl verstanden und beraten werden. Denn jede Epoche des Menschenlebens hat ihr Ideal im Wünschen und im Sollen, das nicht für die nächste passt. Mag der Jüngling hin und her schweifen, wie ihn das gärende Streben im Innern treibt; hier ist eine gewisse diätetische Unordnung, welche allen Keimen Freiheit zur Entwicklung gewährt, dem Willen der Natur gemäß. In der Mitte des Lebens, mit dem festhaltenden Charakter, beginne auch die Gewohnheit; das Alter bewahre sie heilig, als freundliches Sinnbild und Bürgschaft [395] des Beständigen. Schön ist es, dass die Erinnerung, bewahre sie Lust oder Leid, immer freundlich ist, und dass die Freuden, nicht aber die Schmerzen jedes Lebensalters in das spätere hinüberragen.

Was ist die Vergangenheit? Du selbst. Nichts aus ihr vermagst du festzuhalten, nichts ist mehr für dich als die Keime, die sie in dein Wesen legte, und die mit diesem sich allmählich entwickelten und verschmolzen. Was ist die Zukunft? Für dich – Nichts als du selbst. Sie kann dich nur angehen, insoweit es deine Aufgabe ist, dich ihr zuzubilden. Erinnern und Hoffen in jedem andern Sinne ist Täuschung eines Traumes; sich ihr hingeben, – Hätscheln des Gefühls.

Jeder Rückweg scheint weit schneller und kürzer, als der Hinweg schien. So auch das Altwerden. Man kann es nur dadurch um diesen Schein betrügen, dass man es als einen *Hinweg* betrachtet und behandelt.

Hufeland hält das verheiratete, Kant das zölibatäre Leben für tauglicher zur langen Dauer. Beide berufen sich auf Erfahrung; jener auf die Beispiele des höchsten Alters, dieser auf das Wohlaussehen alter Garçons. Der Schlüssel des Rätsels liegt wohl darin, dass in der aufsteigenden Hälfte des Lebens die Energie der Vitalität [396] durch das Zölibat bewahrt, in der absteigenden das schwächere Dasein durch häusliche Pflege länger erhalten wird.

Das Leben ist kein Traum. Es wird nur zum Traume durch die Schuld des Menschen, dessen Seele dem Rufe des Erwachens nicht folgt.

Eine sanfte, elegische Stimmung, von Zeit zu Zeit gehegt, hat wie der Anblick des Mondes, etwas Erquickendes. Man sollte versuchen und verstehen, die dumpfe und verdrießliche Stimmung in die traurige hinüberzuspielen, – und selbst sparsam fließende Tränen würden zum schmelzenden Balsam für verhärtete Wunden werden.

Wer genügt sich je, der es tiefer und redlich meint? Allein Ungenügen mit sich selbst untergräbt die Kräfte, die allein zum Zwecke führen. So muss man selbst das Höchste: Die Pflichten, herabzustimmen wissen, um ihnen desto sicherer zu genügen.

In Caspers Wochenschrift erzählt Prietsch von sich: Dass er es durch Übung dahin gebracht habe, Phänomene des Gemeingefühls wie der Sinne, als: Mückensehen, Klingen, Singen, Läuten, Brausen u. dgl. m. willkürlich zum Bewusstsein zu bringen. Justinus Kerner kann sein Herz nach Belieben langsamer schlagen machen. Wie vorzugsweise Schwind- und Wassersuchten durch Seelenleiden [397] ausgebildet werden, so wird vorzugsweise die zu ihrer Heilung erforderliche Aufsaugung durch Tätigkeit und Freude befördert. Ich sah das oft, und es kommt jedem praktischen Arzte vor. Hufelands Rat: Durch Willkür die täglichen Aussonderungs-Funktionen zu regeln, ist bekannt und begründet; und ich füge bei diesem Anlass den, freilich mehr zur leiblichen Diätetik gehörigen hinzu: Während des Lesens und Schreibens, wo man unbewusst den Atem einhält, manchmal absichtlich tief einzuatmen, selbst vom Tische aufzustehen und ein paar Mal durchs Zimmer zu gehen, – so wie, zumal bei feinerer oder abendlicher Arbeit, manchmal für einige Minuten die Augen zu schließen. Der Laie befolge diesen Rat, der Arzt begreift ihn.

Die genaue, jammervolle Selbstschilderung des Hypochondristen, – ach, sie schildert im Grunde nichts anderes, als den Zustand des Menschen überhaupt, den ein gemütlich und körperlich gereiztes und geschwächtes Wesen nur schärfer und quälender empfindet!

Wir haben viel von der Kraft des Willens gerühmt – aber öfter wird sie dem Seelenkranken in der sich selbst entgegengesetzten Richtung frommen. Ich meine die Kraft: nicht zu wollen, wo Zwang nur aufriebe; sich zu einer beschwichtigenden Resignation zu entschließen, keine Pläne zu nähren und die Zukunft in keiner andern Gestalt, als in jener der Hoffnung, vor die Seele treten zu lassen (*Se laisser aller.*)

[398] Oft, ja meistens, sind dunkle Vorstellungen in ihrer Wirkung stärker als klare; z.B. das Aufwachen aus dem Schlafe zur Stunde, die man sich Tags vorher vorsetzte, die Macht der Leidenschaften u. dgl. Allein derjenige, bei welchem klare

Vorstellungen stärker sind, dessen geistiges und leibliches Wohl ist besser bedacht.

Höchst sachverständig nennt Kant die Einbildungskraft in ihrer Tätigkeit eine Motion des Gemütes, die zur Gesundheit diene. Denn, genau betrachtet, ist die vereinzelte Tätigkeit des Verstandes eine lähmende, und die reine Betrachtung macht die Seele zu einem stehenden Wasser, in welchem sich die Gegenstände spiegeln, – das aber allgemach in Fäulnis übergeht.

Ebenso treffend gibt er die Ursache der Schädlichkeit des Wachens vor Mitternacht an. Die Phantasie ist zu dieser Zeit am tätigsten, und wirkt allzu erregend aufs Nervensystem.

Lichtenberg, der feinste Maler der Seelenzustände, der Kolumbus der Hypochondrie, liefert die nützlichsten Winke. „Wir liegen oft – sagt er – mit unserem Körper so, dass gedrückte Teile uns heftig schmerzen: Allein, weil wir wissen, dass wir uns aus dieser Lage bringen können, wenn wir wollen, empfinden wir wirklich sehr wenig." – Er findet die bezeichnendsten Worte für die Hypochondrie, die er einmal „pathologischen Egoismus", [399] ein ander Mal „Pusillanimität" nennt. „Mein Körper" – heißt es an einer andern Stelle –

„ist derjenige Teil der Welt, den meine Gedanken verändern können. Im ganzen übrigen All können meine Hypothesen die Ordnung der Dinge nicht stören." – „Als ich" – erzählt er – „am 18. Dezember 1789 in meiner Nervenkrankheit die Ohren mit den Fingern zuhielt, befand ich mich besser, weil ich nun das kränkliche Sausen für ein erkünsteltes hielt." – Wie der Hypochondrist aus allen Betrachtungen Gift saugt, so lässt sich aus diesen Balsam gewinnen.

Es gibt eine unwillkürliche Hypochondrie und das ist die, an welcher wir Ärzte manchmal leiden. Denn wenn Hypochondrie das Mikroskop ist, durch das man die sonst unsichtbaren, kleinen Leiden des eigenen Körpers sieht, so haben wir dies unabweisbare Mikroskop – in unserer Wissenschaft, die uns alle möglichen Ursachen, Verkettungen und Folgen jedes Übels zeigt.

Wenn es wahr ist, wie die Weisen sagen, dass die Kunst des Vergnügens Eins ist mit der Kunst des Selbstvergessens, so ist sie auch Eins mit dem Streben und Wirken nach einem Zwecke, der uns ganz erfüllt.

Wenn wir die Augenblicke des Vergnügens, der Seligkeit analysieren, so ist es ein, wie alle menschlichen Zustände, doppelter Zustand (*homo duplex*): Ein Vergessen seiner [400] selbst, ein völliges Besitzen seiner selbst; ein erhöhtes Dasein, ein dem Dasein Entrinnen. Ein Widerspruch, wie der Mensch – und kein Widerspruch! Denn was man vergisst, sind die Fesseln, und was man erhöht empfindet, ist die Freiheit des Lebens.

„Wie soll ich aber wollen, da es eben die Kraft zu wollen ist, lieber Doktor, was mir fehlt?" Wenn Sie sich selber fehlen, lieber Kranker, was kann ich Ihnen verordnen, als: Sich selber?

Der „Weltschmerz", wenn er nämlich das Gefühl der Mängel dieser Welt bedeuten soll, ist ein Motiv der Vorsehung, uns zur Abhilfe dieser Mängel anzuregen, unsere Kräfte zur Tätigkeit zu entwickeln. Das mögen diejenigen wohl bedenken, die sich ihm hingeben.

Wer sich innerlich für krank erklärt, wird hypochondrisch unglücklich; wer sich mit Leichtsinn und Trotz für gesund erklärt, kann durch Versäumnis unglücklich werden. Zwischen beiden liegt die Aufgabe: Sich als Valetudinarier (maladif) zu behandeln, – *denn das sind wir alle*, und müssen, mit diesem Zustande zufrieden, vorsichtig leben.

[401]　Der Bewegtrieb für die heilende Seelentätigkeit sollte freilich in vielen Fällen, wo gar nicht an das Leiden *gedacht* werden darf, von Anderen ausgehen, die sich dann als Ärzte verhielten; ihn vom Leidenden selbst fordern, heißt vielleicht zu viel fordern. Allein, wer kennt deine Krankheit wie du selbst? Wer kennt die Gabe und den rechten Augenblick für das Heilmittel, wie du selbst? Es gilt also durchaus: Sich zusammennehmen, und sehen was möglich ist!

Es gibt im Ganzen (und das gilt nun von der Diätetik der Seele, wie von allem menschlichen Streben und Wirken) zwei Arten, das Leben anzuschauen und zu behandeln. Entweder: Man setzt sich in den Mittelpunkt und sucht das innere Leben gegen die Dinge zu behaupten, und durch Ausbildung des Charakters in seiner Kraft zu steigern; eine Denkart, welche man die subjektive oder sittliche nennen könnte (Kant); oder: Man gibt sich willig der Welt hin, und sucht sich den Gegenständen anzueignen, indem man auch sich selbst als solchen auffasst, und als Teil des Ganzen behandelt; eine Denkart, welche man die objektive oder poetische nennen könnte (Goethe). Durch die große Einheit und Gesetzlichkeit der Natur, vermöge welcher sich die entgegengesetzten Pole suchen, führen auch diese Gegensätze zu *einem* Ziele. Denn wer nur das Subjekt recht in sich ausbildet, kommt dem Zwecke des Ganzen entgegen, dessen Teile Subjekte sind, und wer die Objekte treu abspiegelt, wird auch sich selbst klar werden, und, indem er sich opfert, sich nur umso sicherer [402] wiederfinden. Keine Ansicht hat Unrecht, jede passt für einen eigenen Charakter, wie überhaupt die Denkart des Menschen aus seinem Charakter hervorgeht; und wenn es scheint, als widersprächen sich hier oder da die Ratschläge, die diese Blätter erteilen, so wird nun mindestens deutlich sein, wie es gemeint ist. Sie wollen jedem nach seinem Bedürfnisse helfen und wohltun.

Jeder Mensch hat seinen Weg vorgezeichnet, auf dem eben Er zum gemeinsamen Ziele gelangt. Mir ist es nun einmal gemäß, die Dinge von ihrer sittlichen Seite anzuschauen, und so sind diese diätetischen Betrachtungen moralischer ausgefallen, als es in ihrem Wesen zu liegen scheint. Es kommt nun darauf an, was uns Not tut.

www.ingramcontent.com/pod-product-compliance
Lightning Source LLC
Chambersburg PA
CBHW072230170526
45158CB00002BA/825